HONGOS·AR
HONGOS DE ARGENTINA

hongos.ar
f / @hongosdeargentina
contacto@hongos.ar

Autores: Gonzalo Romano, Emanuel Grassi, Leonardo Majul, Renato García, Francisco Kuhar
Ilustraciones y diseño: Maria Wright - Flap Jackie Studio

Guía ilustrada de recolección de hongos / Gonzalo Romano ... [et al.] ; ilustrado por María Wright. - 1a ed ilustrada. - Esquel : Fundación Hongos de Argentina para la Sustentabilidad, 2021.
28 p. : il. ; 21 x 15 cm.

ISBN 978-987-47714-1-4

1. Hongos. 2. Ciencias Naturales. 3. Conservación de la Naturaleza. I. Romano, Gonzalo. II. Wright, María, ilus.
CDD 579.5

Guía ilustrada de recolección de hongos

HONGOS·AR
HONGOS DE ARGENTINA

La Fundación Hongos de Argentina para la Sustentabilidad tiene como objetivos:

Crear, promover, organizar y ejecutar la investigación, documentación, conservación, uso sustentable y difusión integral del Reino de los Hongos y sus potencialidades desde una base científica;

Concientizar sobre la diversidad fúngica, su rol en los ecosistemas, su interacción con otros organismos, sus potenciales usos biotecnológicos, culinarios, medicinales y/o estéticos a través del desarrollo de investigaciones;

Capacitar y fortalecer los conocimientos de las personas involucradas y desarrollar y aplicar nuevas tecnologías para la investigación en micología.

*

Índice

¿Qué son los hongos?

Históricamente, a los hongos se los pensó como plantas sin clorofila. Si bien esto puede parecer confuso para nuestra época, en un mundo que se valía principalmente de microscopios no nos parecería tan raro. En 1735 el naturalista **Carl Linneo,** inspirado en la clasificación esbozada por Aristóteles, creó un sistema de clasificación de los seres vivos en animales, vegetales y minerales, y decidió incluir a los hongos en el Reino Vegetal. Dentro de este, los ubicó en un grupo conocido como plantas "criptógamas" o sea, plantas sin semillas. Sin embargo, a medida que se fueron describiendo especies y se fue avanzando en el conocimiento de su metabolismo, las diferencias entre plantas y hongos comenzaron a ser cada vez más evidentes. En 1969 **Robert Whittaker** cambió el paradigma, agrupándolos en un Reino completamente independiente: el **Reino Fungi.** El fundamento de su separación en otro Reino fue que su estrategia de vida está centrada en la incorporación de materia orgánica del medio en el que viven, mientras que las plantas la producen por fotosíntesis y los animales la ingieren. Si bien existen hongos unicelulares (como las levaduras), la mayoría forma un **micelio** (pluricelular) que es muy eficiente en la nutrición por absorción.

Los **hongos pluricelulares** están formados por al menos 2 partes: micelio y esporoma. Se suele comparar el micelio con las raíces de las plantas, pero esto no es correcto: el micelio es el verdadero cuerpo de los hongos, está formado por cadenas de células llamadas hifas. El micelio realiza los procesos fundamentales como la respiración y alimentación. La **nutrición** de los hongos está estrechamente relacionada con el medio en el que viven, es decir, el sustrato. Los hongos son incapaces de producir su alimento (son heterótrofos). Para obtenerlo, degradan los sustratos que habitan (como suelo, hojarasca, madera, insectos, animales, frutos e incluso otros hongos) y absorben los nutrientes. El micelio, en condiciones favorables, produce estructuras de reproducción, comúnmente llamadas esporomas, fructificaciones, setas o simplemente hongos. El **esporoma** es la estructura que porta y dispersa las esporas, células listas para colonizar nuevos ambientes y así recomenzar su ciclo de vida. Si bien los esporomas son estructuras que pueden durar muy poco tiempo (algunos días), son las más famosas: las que solemos ver en las fotos de las redes sociales (en el jardín, en el bosque, en la selva) y a veces hasta en el noticiero luego de algún caso de intoxicación (pero no te asustes, hay un montón que son comestibles). El micelio es un poco más difícil de observar que los esporomas, pero no imposible: basta con mover un poco el sustrato debajo de los esporomas para que se lo pueda apreciar como filamentos blancos.

Considerando entonces que los esporomas solamente son una parte del cuerpo de un hongo, su recolección no afectaría la vida del hongo en sí, ya que el micelio permanece a resguardo en el sustrato.

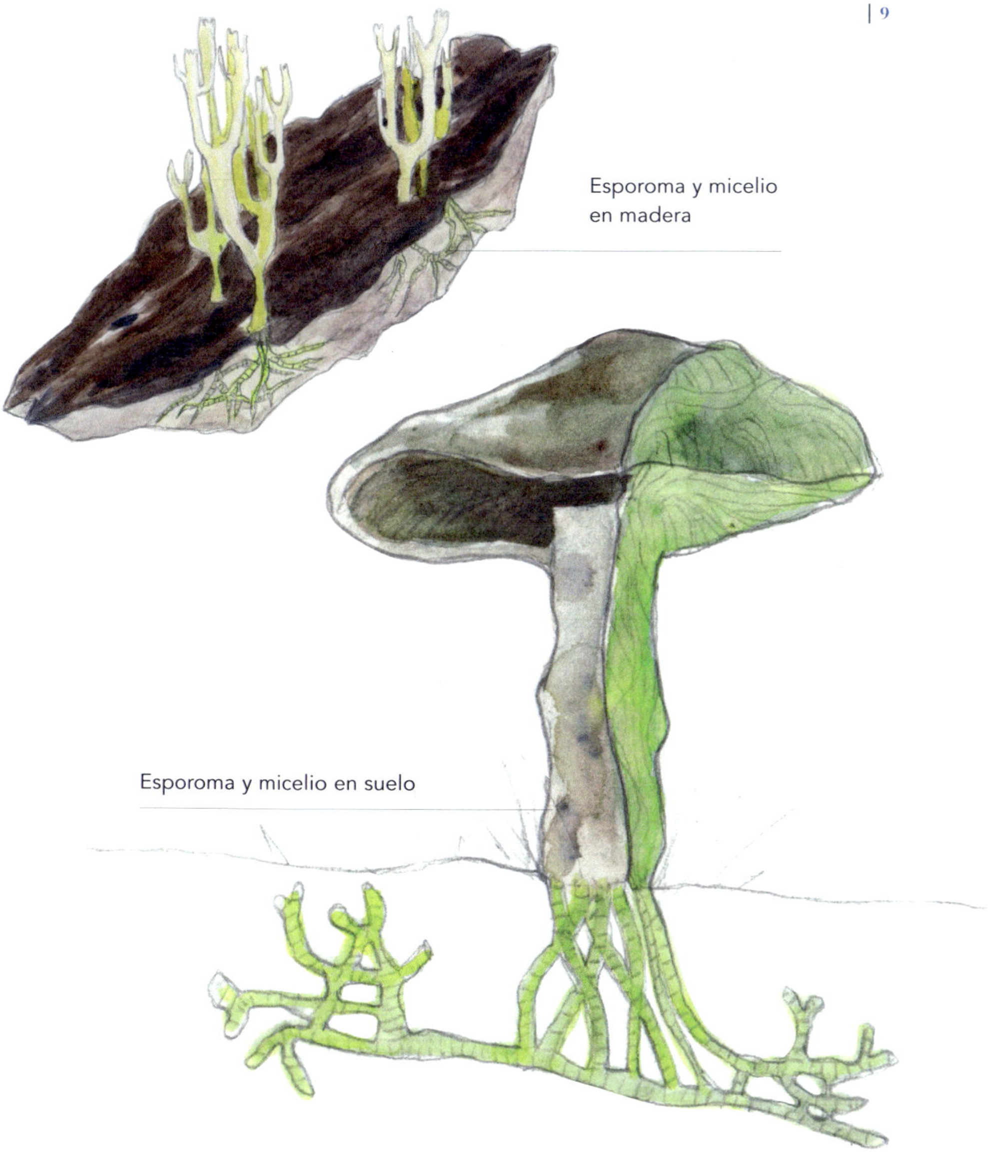

Aún así, se deben seguir algunas recomendaciones para que la recolección pueda ser sostenible en el tiempo; o, dicho de otra manera, para que al recolectar hongos no dañemos el micelio para que este pueda seguir produciendo esporomas.

¿Qué hacen en la Naturaleza?

Se estima que al menos **1,5 millones de especies de hongos** habitan el mundo, pero actualmente solo conocemos alrededor de 100 mil. Muchas especies son imperceptibles, ya que sólo forman estructuras microscópicas, por lo que se los conoce como "microhongos". Los hongos comúnmente reconocidos por la mayoría de la gente corresponden al grupo de los "macrohongos", ya que sus esporomas son observables a simple vista y en muchos casos, con colores y formas muy atractivas. Como mencionamos antes, los hongos son **heterótrofos** y absorben los nutrientes que liberan al **descomponer la materia** orgánica. Para ello, utilizan un tipo de proteínas llamadas **enzimas,** capaces de degradar las fuentes de carbono complejas como la celulosa, la lignina o el almidón y liberar así moléculas sencillas y nutritivas como azúcares y/o aminoácidos. Mientras algunos hongos aprovechan indistintamente materia orgánica de origen diverso, otros prefieren sustratos más específicos. Hay hongos que son capaces de **asociarse con las plantas** formando **micorrizas,** una relación a nivel de micelio y raíces que resulta beneficiosa para ambos ya que, mientras el hongo ayuda a la planta en la absorción de nutrientes (como fósforo y nitrógeno), éste recibe a cambio azúcares generados por la planta en la fotosíntesis. Se sabe que la mayor parte de las plantas forman micorrizas.

También existen hongos **parásitos**. Estos se caracterizan por provocar daños o incluso la muerte al huésped en el que viven. También juegan un papel importante en los ecosistemas, actuando como factores equilibradores que afectan la competencia entre especies vegetales, favoreciendo la diversidad o provocando cambios en su tamaño y distribución. Sin embargo, estos hongos pueden tener un grave efecto sobre la agricultura.

Hifas degradando insectos

Hifas degradando hojarasca

Antes de salir

Antes de salir a ambientes naturales, debemos prepararnos y las salidas de recolección de hongos no son la excepción. Debido a que las zonas en que se pueden realizar estas experiencias son muy variadas en nuestro país (desde la selva misionera a los bosques templados del sur), te sugerimos que averigües cuál es la vestimenta adecuada para el clima del lugar que visitarás y si hace falta que lleves repelente o no. Para realizar una recolección adecuada recomendamos llevar:

- **Cámara de fotos**
- **Cuaderno y lápiz para tomar nota**
- **Algo como referencia de tamaño (ver regla en contratapa)**
- **Canasta o bolsa de recolección**
- **Contenedores para las muestras (bolsas de papel, cajas de cartón y hasta en algunos casos organizadores plásticos con divisiones de diferentes tamaños)**
- **Lupa de mano**
- **Cuchillo, navaja o cortapluma**
- **Elementos de higiene personal**

Saliendo en su búsqueda

Ya sabemos qué son los hongos, qué rol cumplen en la Naturaleza y qué debemos llevar para recolectarlos, con lo que estaríamos en condiciones de empezar a buscarlos. Pero **¿por dónde empezamos?** Los hongos pueden encontrarse en tantos lugares como ambientes existen en el planeta. Basta con dejar alguna fruta o pan sobre la mesa y veremos cómo los hongos comienzan a alimentarse de él luego de unos días. Pero éstos son los microhongos que suelen darnos más dolores de cabeza que satisfacciones. Para encontrar **macrohongos** tenemos que salir a **ambientes naturales:** un ambiente natural puede ser desde una maceta, el patio de tu casa, una plaza cercana, hasta un sendero en un bosque nativo. Lo importante para buscarlos es tener presente que los macrohongos solo forman esporomas cuando las condiciones son adecuadas. Esto generalmente se da uno o dos días luego de una lluvia, a veces seguidos de un día soleado, en lugares con reparo, o también en grandes descampados. La mejor forma de empezar a verlos es salir en su búsqueda. La propia experiencia nos guiará hacia ellos a medida que los vayamos descubriendo.

.05

Hongos recolectados con parte de su sustrato

Recolección

Una de las cosas que tenemos que tener muy claras a la hora de recolectar hongos es para qué lo hacemos: ¿estamos buscando hongos para identificar de qué especie son?, ¿estamos buscando hongos comestibles que conocemos?, o ¿estamos buscando hongos para aislarlos en laboratorio? Es fundamental tener esto claro antes de salir de casa.
Los hongos clasificados como tóxicos en Argentina solamente lo son por ingestión, es decir, por comerlos. Esto significa que no hay ninguna clase de hongo que provoque toxicidad por el simple hecho de tocarlo, aunque siempre es recomendable lavarse las manos luego de manipularlos. Sí, hay hongos que producen una gran cantidad de esporas, por lo que podrían generar una reacción alérgica en personas susceptibles. Sabiendo esto, podemos recolectar cualquier hongo, tóxico, desconocido o no tóxico, siempre y cuando tengamos la precaución de no transportarlo en un mismo recipiente con hongos comestibles u otros alimentos y de no dejarlo al alcance de niños o mascotas.

Para no dañarlos,
usamos una navaja

> ¿Estamos buscando hongos para identificar?

Es importante **no utilizar las manos para recolectar hongos porque podemos romper los tejidos** que forman el pie y, muchas veces, parte de este queda oculto bajo la hojarasca del suelo. Por ello usaremos una **navaja o cuchillo.** Así nos aseguramos de no perder ninguna estructura que pueda ser importante para su identificación. Lo mismo ocurre con los hongos que crecen en madera, con o sin pie: especies que tienen esporomas bastante duros suelen ser muy difíciles para sacar, con lo cual hay más posibilidades de dañarlos. Siempre **recomendamos tomar parte del sustrato** junto con la muestra para luego ir desmenuzando la tierra o cortar los pedazos de madera con mayor facilidad y menor riesgo de rotura del material fresco. Se los puede guardar en sobres de papel madera o bien en pequeñas cajas.

> ¿Estamos buscando hongos comestibles que conocemos?

Cuando salimos a recolectar hongos para consumo debemos de antemano conocer las características de los hongos que buscamos. Por ello debemos apoyarnos en guías de identificación de la región, comunicarnos con un especialista en hongos (micólogo) o un conocedor de la funga de la zona. Para recolectarlos nos aseguraremos de **cortar el pie con cuidado en el punto de contacto con el sustrato, de manera de dañar el micelio lo menos posible,** lo que permitirá que **vuelva a producir esporomas.** Así también

evitamos ensuciar nuestra cosecha con restos de sustrato. Se recomienda utilizar **canastas** que no sean cerradas, como las de mimbre, de manera que los hongos no se humedezcan mucho y puedan continuar dispersando sus esporas. Se deben cosechar hongos que no tengan signos de contaminación o pudrición. Recomendamos dejar los esporomas de menor tamaño para que estos puedan completar su desarrollo y dispersar sus esporas. Si son hongos que crecen en madera, es posible llevar el sustrato (rama, o pequeño tocón) hasta el resguardo del hogar para tener luego producción asegurada cerca de nosotros, siempre y cuando esto no esté prohibido en el lugar ni cause daños a la planta.

> ¿Estamos buscando hongos para aislar en laboratorio?

El aislamiento de un hongo en laboratorio consiste en hacer crecer al hongo de interés en laboratorio en un cultivo axénico, o sea, en un recipiente donde estemos seguros que solo está presente el hongo de interés. Si este es el caso, recomendamos guardar cada muestra que recolectemos

en **"caramelos de papel aluminio":** colocamos los esporomas en papel aluminio, luego los cubrimos con un pliegue y finalmente enrollamos las puntas. Esto nos permite conservar la humedad en nuestra muestra para que el micelio que forma el esporoma permanezca con vida el tiempo suficiente para llevarlo al laboratorio. Una vez allí, tomamos parte de la carne ("contexto") que forma su esporoma y lo colocamos en una fuente nutritiva de alimentación. Esto se conoce como "aislamiento". El **aislamiento** se debe realizar en un ambiente controlado, libre de corrientes de aire y sobre superficies esterilizadas con alcohol 70%. Generalmente se colocan en unos recipientes llamados "cajas de Petri" que poseen como fuente de alimentación un medio de cultivo llamado "MEA" por su nombre en inglés "Malt Extract Agar". Para armar este medio, necesitamos 20 ml de agar-agar y 20 ml de extracto de malta por cada 1 litro de agua destilada, esterilizado en autoclave. Si el aislamiento resulta exitoso, nos permitirá mantener al hongo creciendo en laboratorio para hacer ensayos genéticos y de producción de esporomas, entre otros.

.06

Fotografía

Las fotografías de hongos se pueden clasificar en dos categorías: las fotos **artísticas** y las fotos **técnicas**.

Una **fotografía artística** tiene como objetivo resaltar la estética de los esporomas y su ambiente. En estas resultan relevantes detalles como el lugar donde está creciendo, los colores de los esporomas, la forma que adoptaron en ese sitio específico, etc. Estas fotografías permiten al fotógrafo usar su creatividad. En ellas, un buen manejo de la distancia focal, la sensibilidad de imagen, el balance de blancos, entre otras características técnicas, pueden marcar una diferencia. La búsqueda de este tipo de imágenes puede ser apasionante, más aún, si tenemos en cuenta que estas fotografías son las que suelen ser utilizadas para difusión, como podemos observar en muchas oportunidades en la web.

Por otro lado tenemos las **fotografías técnicas.** Estas imágenes pueden resultar monótonas o menos atractivas que las artísticas, pero cumplen con su objetivo, que es brindar información a la hora de identificar a qué especie pertenece el ejemplar fotografiado. En general, las fotos que tomemos deben mostrar el aspecto superior, inferior y lateral del esporoma, con especial atención a que se vean las siguientes partes:

Retrato de hongos
desde su costado
artístico

Aspectos a tener en cuenta para una foto técnica:

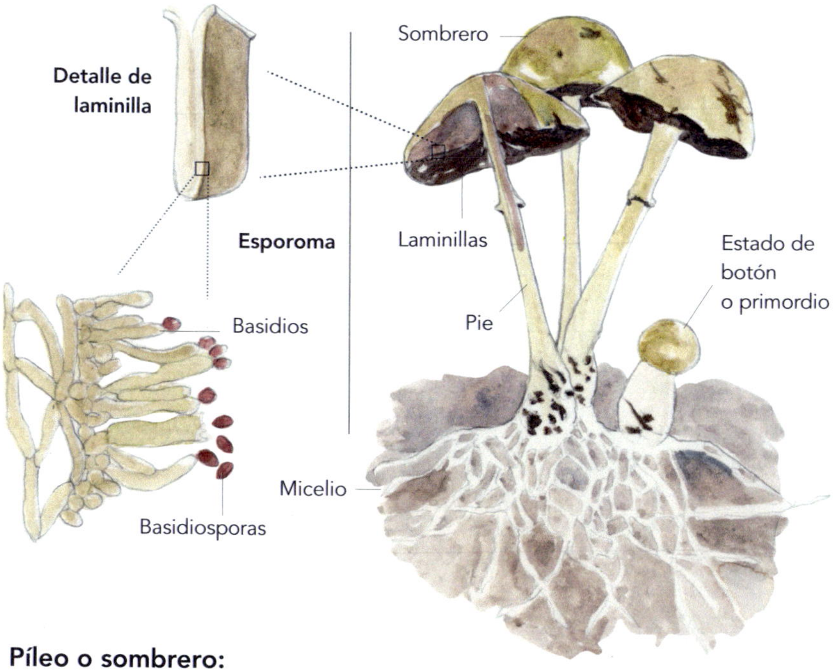

Píleo o sombrero:

- Aspecto superior: colores, presencia o ausencia de velo (escamas, fibrillas, etc.).
- Aspecto inferior: colores, unión del píleo con el pie.
- Aspecto lateral: forma del píleo y del margen.

Pie o estípite:

- Aspecto lateral: forma, colores, presencia o ausencia de velo (fibrillas, anillos, etc.) y volva.

Es importante que, si contamos con varios ejemplares, se los disponga en **conjunto** para que en una única foto se observen las diferentes características morfológicas. Por el contrario, si contamos con solo un ejemplar, se le toman fotografías en distintas posiciones que luego se pueden reunir en un único archivo. También es importante que coloquemos una regla o un objeto para utilizar como **referencia de tamaño**, como la regla de la contratapa.

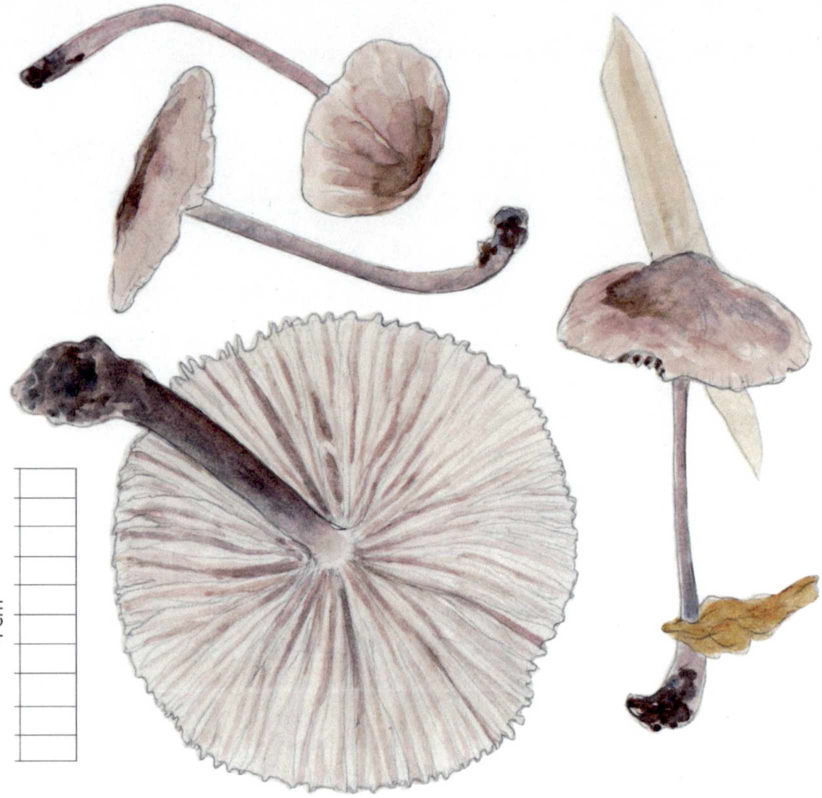

Dependiendo del grupo específico de hongos, también se recomienda tomar una fotografía de un ejemplar cortado en **sentido longitudinal,** es decir, a lo largo. Esto es útil para distinguir algunas especies que viran de color al exponer su contexto (a veces llamado "carne" o simplemente "interior del hongo"). Otro aspecto que nos ayuda mucho en la identificación es conocer el **sustrato** y la **vegetación** que puede estar asociada al hongo (particularmente importante en hongos micorrícicos). Muchas veces esto se puede aproximar incluyendo en alguna de las fotos hojas o flores de la planta con la que aparenta estar creciendo.

Por todo esto, cuando nos encontramos con un amigo perteneciente al Reino Fungi, tenemos que decidir antes de recolectarlo si queremos sacarle una foto artística, una foto técnica, o ambas.

.07

Registro de datos

El registro de datos al momento de recolectar es una tarea importante, principalmente porque no sabemos si algunas de las características que observamos en la naturaleza pueden modificarse luego de su recolección y/o transporte. Si recolectamos esporomas para identificar, es importante que los recipientes donde se los transporte contengan toda la **información que será útil** para identificar las especies. Es recomendable rotular los recipientes con **códigos** que nos ayuden a reconocer las muestras y que luego nos permitan llevar una base de datos. Los datos que debemos tener de cada muestra son los siguientes:

FICHA DE RECOLECCIÓN

Especie Fecha Localidad/GPS Recolector Hábitat/Sustrato	Píleo: Diámetro Forma Color Margen Observaciones	Pie: Altura Diámetro Color Anillo Volva Observaciones
Laminillas Poros	Esporada	Comentarios

Ver modelo de ficha en página siguiente.

Ficha básica para la identificación de hongos

Especie ______________________________ Fecha ____/____/____

Localidad//GPS ______________________________

Recolector ______________________________

Hábitat//Sustrato ______________________________

Píleo:

Diámetro: ____________

Forma: ____________

Color: ____________

Margen: ____________

Obs.: ____________

Pie:

Altura: ____________ Diámetro: ____________

Color: ____________

Anillo: ____________ Volva: ____________

Obs.: ____________

Laminillas: ____________

Poros: ____________

Comentarios:

Esporada

.08

Almacenamiento

Los hongos tienen un alto porcentaje de agua en su composición. Por este motivo es que seguimos distintos pasos en su almacenamiento dependiendo de qué vayamos a hacer con ellos: si recolectamos hongos comestibles para consumir frescos, pueden conservarse hasta 15 días en heladera; siempre que estuvieran en buen estado al momento de recolectarlos. Si deseamos conservarlos por más tiempo, debemos **secarlos**. Lo haremos con un calor moderado, de manera que el agua se evapore lentamente, ya que si se evapora muy rápido, corremos el riesgo de que los hongos pierdan calidad aromática y atractivo visual. Por el contrario, si el calor aplicado es muy bajo, el agua se evapora demasiado lento arriesgandonos a que los esporomas se pudran. **El secado puede realizarse de varias maneras,** una de las más usuales es colocarlos sobre papel de diario cerca de una fuente de calor (horno, calefactor, hogar, etc.), o simplemente al sol. Lo más recomendado es hacerlo con

Deshidratador (un tipo de horno de secado)

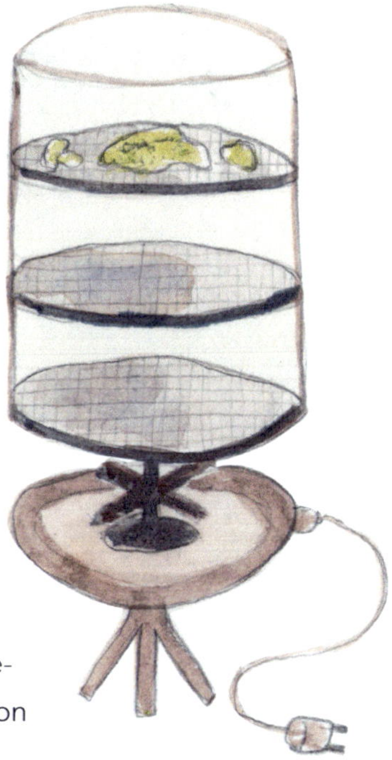

Otros métodos de secado, enhebrados o apoyados sobre una rejilla

un horno de secado regulado a 40° a 45°C durante 2 a 3 días. Otra opción es disponerlos en un lugar seco y cálido, de tal manera que el aire circule a través de ellos, favoreciendo su secado. Para que el aire circule a través de ellos, se los puede apoyar sobre rejillas o también enhebrar y colgar.

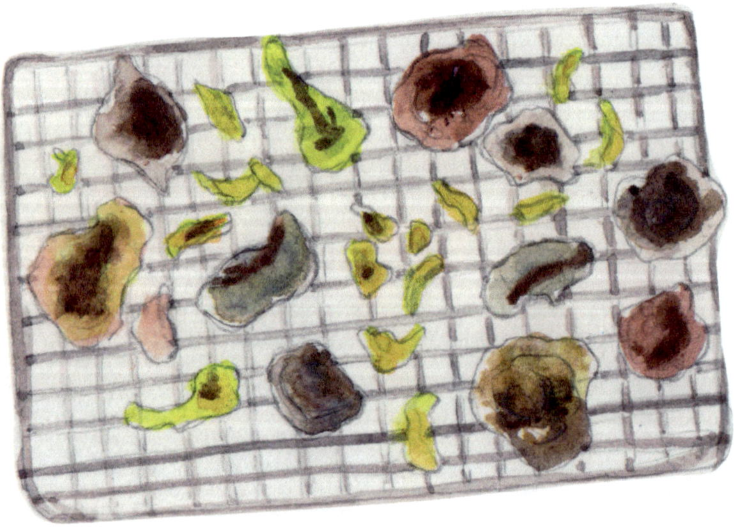

Decálogo de buenas prácticas de Hongos de Argentina

El decálogo de buenas prácticas de Hongos de Argentina resume en gran parte lo cubierto en esta guía práctica y nos ayuda a preservar los ambientes naturales donde los hongos crecen, así como a minimizar los daños al micelio cuando recolectamos esporomas y a garantizar que se aprovechan sus características al máximo en la cocina.

- **Evitar el pisoteo** fuera de los senderos en ambientes naturales.

- **No iniciar incendios** para estimular la aparición de hongos, ya que está prohibido, es contraproducente a largo plazo y se destruye el ambiente.

- Evitar recolectar hongos en **lugares que puedan estar contaminados.**

- Nunca sacar todos los **esporomas** (dejar algunos sin cortar).

- **No recolectar hongos sin un objetivo** o si no muestran las características necesarias para su identificación (inmaduros, podridos o atacados por insectos).

- En el caso de recolectar hongos comestibles que ya conozcamos, cortar el pie, **minimizando el daño al micelio en el sustrato.**

- Utilizar **canastas perforadas** para permitir la dispersión de las esporas de los hongos recolectados.

- Aplicar **métodos de secado adecuados** para contribuir a una mayor calidad de preservación.

- En caso de que sea necesario **limpiar los esporomas** para su preservación o consumo, no se los debe lavar bajo agua. Basta con pasarles un paño seco.

- Dado que todas las partes de los hongos comestibles se comen, **recomendamos incluir los pies en las comidas.**

Made in the USA
Monee, IL
05 November 2026

67374692R00019